你问我答

话蔬菜 彩图版 ★ ★ ★

王淑芬　高俊杰　主编

中国农业出版社
农村读物出版社
北　京

图书在版编目（CIP）数据

你问我答话蔬菜：彩图版 / 王淑芬，高俊杰主编
.—北京：中国农业出版社，2023.8
ISBN 978-7-109-30705-6

Ⅰ.①你… Ⅱ.①王… ②高… Ⅲ.①蔬菜－普及读
物 Ⅳ.①S63-49

中国国家版本馆 CIP 数据核字（2023）第 087919 号

中国农业出版社出版
地址：北京市朝阳区麦子店街 18 号楼
邮编：100125
责任编辑：廖　宁
版式设计：书雅文化　责任校对：吴丽婷
印刷：北京通州皇家印刷厂
版次：2023 年 8 月第 1 版
印次：2023 年 8 月北京第 1 次印刷
发行：新华书店北京发行所
开本：880mm×1230mm　1/32
印张：2.75
字数：60 千字
定价：28.00 元

主　编　王淑芬　高俊杰

副主编　刘中良　谷端银　焦　娟

　　　　王俊峰

参　编　刘　辰　刘贤娴　付卫民

　　　　徐文玲　韩晓雨　付娟娟

　　　　孙胜楠

插　图　敬丽丽

前　言

　　蔬菜伴随着人们的一日三餐，为人们提供各种天然的营养物质，并满足人们的口味需求。随着近年来先进育种技术和栽培技术的发展，蔬菜的形态、色彩、口味、功能越来越多，丰富了人们的生活。与此同时，也导致人们对其产生了一些误解，在社会上造成了不良影响。这些误解如果不正确引导，会增加人们的疑虑，甚至会对蔬菜产业造成打击。

　　为解答大众对蔬菜的疑虑，我们特组织专家编写了本书。本书会带领您走进广阔的蔬菜世界，力求用事实改变偏见，用知识解惑纠偏。书中配合大量精美图片，通俗易懂，适合广大蔬菜消费者阅读，也适合作为大众科普读物。

　　由于水平有限，书中疏漏之处在所难免，敬请读者批评指正。

编　者
2023 年 1 月

目　　录

前言

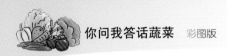

1

一、圣女果是转基因的吗？

1. 传言　一些消费者对彩色的圣女果充满担忧，认为这些"特别"的水果是转基因的。

2. 真相　番茄果实大小相差较大，最小的果实不足 10 克，大的可达数百克。生产上一般称单果大于 220 克的为特大果，150～220 克的为大果，100～149 克的为中果，50～99 克的为小果，50 克以下的属于樱桃番茄，就是常说的圣女果。圣女果是一年生草本植物，属茄科番茄属，果实鲜艳，有红、黄、绿等果色，单果重一般为 10～30 克，果实以圆球形为主。目前，我国圣女果主产区有广东、山东、广西、福建等地。圣女果在西方国家是非常重要的沙拉食材。

三弟喝的啥？

大哥，喝番茄汁吗？

番茄果实的大小与选育技术有较大关系。2011 年，Grandillo 等的研究表明，野生种醋栗番茄与栽培种亲缘关系最近，两者可以直接杂交。番茄起源于美洲安第斯山地带，在厄瓜多尔、秘鲁、玻利维亚等地至今有大面积野生种的分布。16 世纪，传到意大利、英国等欧洲国家。在欧洲驯化时期，逐渐演化出大果番茄和小果番茄。实际上番茄刚出美洲时就是小果型的，在后来以大果番茄与野生种杂交时，又杂交出了各种类型、颜色的樱桃番茄。这也导致许多人误以为大果番茄才是番茄该有的样子。其实，大果番茄是小果番茄的变种，是人们不断通过杂交选育得来的，所以圣女果比大果番茄本身还要更"原始"。

各种颜色的圣女果

番茄营养丰富，干物质含量为 7.7%，其中糖含量 1.8%～5%、酸含量 0.15%～0.75%、蛋白质含量 0.7%～1.3%、矿物质含量 0.5%～0.8%、果胶含量 1.3%～2.5%，每 100 克果肉含维生素 C 25～45 毫克。此外，还含有胡萝卜素、维生素 B_1、维生素 B_2、番茄红素等，既可以当蔬菜熟吃，也可以当水果直接食用，为人们提供丰富的营养。

3. 结论　转基因食品就是通过基因工程技术将一种或几种外源性基因转移到某种特定的生物体中，并使其有效地表达出相应特性的产物（多肽或蛋白质）。圣女果是通过自然选择与人工选育而来，并不是通过转基因手段获得，因此，不是转基因食品。

2

二、彩色蔬菜是转基因的吗?

1. **传言** 彩色蔬菜为转基因手段获得。

2. **真相** 彩色蔬菜是某些食用器官特别艳丽多彩、引人注目的稀特蔬菜的总称。彩色蔬菜除具有营养丰富、色彩鲜艳、风味独特等特点外,还可用作发展多元化观光农业。

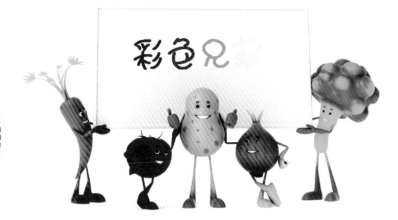

蔬菜颜色的来源,绿色是叶绿素,黄色是胡萝卜素,红色是番茄红素,紫色是花青素,白色基本无色素。总之,它们和转基因是没有任何关系的。例如,绿色代表蔬菜有菠菜、芹菜、西蓝花等,其富含维生素 C、类胡萝卜素和铁、硒等微量元素，也是膳食纤维的主要来源，有减肥功效。

西蓝花兄越来越像松树了！

没办法，我都绿透了！

橙黄色/橙红色/红色代表蔬菜有南瓜、胡萝卜、番茄等，其富含胡萝卜素、维生素C和B族维生素，其中黄色蔬菜还能刺激食欲、改善夜盲症、缓解皮肤粗糙症状并强健骨骼。

紫色代表蔬菜有茄子、紫甘蓝、紫色洋葱等，其富含花青素，具有强有力的抗氧化作用，能预防心脑血管疾病，提高机体的免疫力。

白色代表蔬菜有白萝卜、莲藕、大蒜等，其富含膳食纤维以及钾、镁等微量元素，具有提高免疫力和保护心脏等功能。

我们才是最营养的！

我营养最丰富！

　　《中国居民膳食指南（2022）》提出：推荐每天摄入不少于300克的新鲜蔬菜，其中深色蔬菜应占一半，通常深色蔬菜的营养价值高于浅色蔬菜。至于深色蔬菜怎么鉴别，道理其实很简单，看着颜色深的就是深色蔬菜。此处，还要手动排除茄子、黄瓜等披着深色外衣的浅色蔬菜。不同颜色的蔬菜所含的营养物质不尽相同，为了全面营养摄入，各种颜色的蔬菜都应吃一点。

　　3. 结论　彩色蔬菜由自身色素所致，非转基因。

3

三、大棚内番茄是抹乙烯利催熟的，可以吃吗？

1. 传言 在大棚内栽培的番茄，通过抹乙烯利促进成熟，吃了有害健康。

My God! 扎错了吧

2. 真相 番茄及很多植物在自然成熟时，自身都会产生促进果实成熟的乙烯。冬春温室、大棚温度低，番茄如果靠自然成熟会很慢，着色度不好，产量也受到影响。如果遇到低温雾霾天气，缺乏光照，成熟就会更加困难，一般需要很长时间才能正常成熟。通过使用人工合成的乙烯利，可使番茄提前 4～6 天转红，提前 7～10 天上市。乙烯利作为催熟剂，可以释放出植物激素乙烯，与番茄内的受体糖蛋白结合，通过番茄自然代谢后发挥生理作用，帮助番茄加快有机酸和淀粉向可溶性糖转化等，从而促进其成熟和着色。外用和植物内部产生的乙烯并无本质区别。

啥时候变红啊！

听说乙烯利效果不错哦。

乙烯利是一种植物生长调节剂，功效是促进植物成熟，目前主要应用在水果、蔬菜、棉花、水稻等农作物生产上。用乙烯利给蔬菜、水果催熟，在国内外都有采用。如果人

效果杠杠的！

吃了大量不熟的番茄，里面的番茄碱反而会让人中毒。乙烯利被使用到番茄上后，释放出的乙烯会被番茄的生理代谢所消耗掉，不超量使用，对人身体安全并没有影响。超量使用乙烯利可能会使番茄生长过快，虽然果实表皮出现成熟的迹象，但内部却未到正常的成熟度，造成"外熟内生"的结果，反而影响果实的口感，使品质不佳。

3. 结论　国家农药管理部门已经把乙烯利列入低毒农药管理目录，对乙烯利的使用剂量、时期和方法都有严格规定，只要按照国家标准规范使用，是不会影响人体健康的。

四、番茄果实中种子发芽还能吃吗？

1. 传言　有媒体报道，新鲜番茄切开后发现番茄籽像豆芽一样发芽了！有些人会怀疑番茄种子发芽是由于施加了生长调节剂（也就是常说的植物激素）造成的，有人质疑这样的番茄是受到有毒有害物质影响而成。

哇！发芽了！

2. 真相　有些植物的某些品种，种子没有休眠期，收获时如遇雨水和高温，就会在农田或存放的植株上萌发，这种现象称为胎萌。番茄属于浆果，它的种子浸泡在浓厚、液态的胎座里。胎座是位于果实中部的那根轴，上面还包裹着富含水分的囊状组织，形成了我们看到的番茄"囊"。番茄种子的休眠期较浅而短，这个休眠期是由两个因素决定的，一个是胎座内脱落酸的浓度，另一个是胎座本身的有机酸含量。在番茄种子发育时期，胎座和种皮内合成了大量的脱落酸，这些脱落酸可以抑制种子中发育成熟的胚不等胚乳发育完全就提早萌发。当番茄的胎座开始液化时，脱落酸的浓度到达顶峰。在这一期间采摘，可以获得可食且籽较软的番茄。一般食用的番茄，大多就处在这一时期。如果胎座进一步液化成浆液状、种皮进一步变硬，也就是感觉番茄"变老"时，脱落酸的浓度已经降低到不足以抑制种子萌发了。此时，起到抑制种子萌发作用的是液化的胎座内大量的有机酸和高渗的环境。在番茄老熟后，如果继续存放，那么情况就不同了。首先，胎座会产生空洞，空气会储存于其中；其次，液化胎座中的有机酸、糖等成分由于番茄果实自身的代谢作用而被消耗，渗透压逐渐降低。在这两者作用下，番茄的种子便会逐渐失去抑制萌发的环境，在接触到空气后便萌发了。

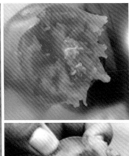

此外，在生产上，经常低温储藏番茄，而低温会诱导脱落酸含量的下降以及赤霉素含量的上升。因此，经过长期低温储存过的番茄，一旦拿到较为温暖的环境中，里面的种子更容易萌发。

合法按量使用生长调节剂是农业生产的常规手段，对人体无伤害。赤霉素可打破种子休眠，促进种子萌发，但赤霉素一般不用于成熟番茄，而多是在播种前对种子做催芽处理，并且外源赤霉素的使用很难影响到种子内部内源性赤霉素的含量。因此，番茄种子萌发和施用生长调节剂之间并没有直接联系。

番茄内部种子发芽，是果实过熟的一种表现。出现这一现象，意味着番茄内大量营养物质已经被消耗，口感变差。种子发芽的番茄果实相比于普通番茄果实，龙葵素含量更高，考虑到营养和口感，不建议食用。

3. 结论　番茄种子在内部发芽，其主要原因是由于番茄过熟所致，低温长期储存更会加剧这种现象，这和植物生长调节剂的使用并无直接关系，亦非受到辐射或转基因所致。种子发芽的番茄在除去芽后食用不会对人体造成伤害，但营养价值和口感均下降，因此，不建议食用。

5

五、彩椒是转基因品种吗?

1. 传言 与常见的绿色甜椒相比,彩椒颜色鲜艳,有红色、黄色、褐色等,有人怀疑彩椒是转基因而来。

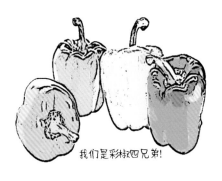

我们是彩椒四兄弟!

2. 真相 秘鲁的文物显示,甜椒很早就在美洲被当地人种植。哥伦布在 1493 年将甜椒种子带回欧洲,后来又传播到其他国家和地区。如今,我国已经成为世界上最大的甜椒种植和出口国。彩椒是甜椒中的一种,因其色彩鲜艳,有红色、黄色、紫色、橙色、黑色、白色、绿色等而得其名,是各种果皮颜色不同的甜椒总称。这些颜色主要是因为甜椒中含有不同类型的花青素所致,属于天然存在的遗传基因差异。很多罕见的颜色是杂交或者变种产物,并非转基因的结果。

彩椒富含多种维生素及微量元素,如维生素 A、B 族维生素、维生素 C、糖类、纤维素、钙、磷、铁等,也是蔬菜中维生素 A 和维生素 C 含量很高的，尤其是在成熟期，果实中的营养成分除维生素 C 含量未增加外，其他营养成分均有所增加，因此有"熟果甜椒的营养价值更高于青果甜椒"之说。红甜椒中含有的丰富维生素 C 和 β-胡萝卜素，而且越红含量越高。彩椒中的椒类碱能够防止体内脂肪积存，从而有助于减肥。

老二，咋伤心了呢？

唉，青椒弟弟被做成地三鲜了。

3. 结论　目前，市场上甜椒多为杂交品种，并不是转基因食品，因此可以放心食用。这些颜色主要是因为甜椒中含有不同类型的色素所致，属于天然存在的遗传基因差异。目前，我国公开的商业化转基因食品中是没有甜椒的。虽然我国曾经批准过抗病毒甜椒的商业化种植，但与常规甜椒相比，转基因甜椒并没有明显优势，因而被市场自然淘汰了。所以说，市售彩椒并不是转基因的。

6

六、吃辣椒会升高血压吗？

1. 传言 很多人觉得吃辣椒（指带有辛辣刺激气味较重的辣椒）会加速血液流动速度，造成心跳过速，易使血压变高。

辣椒真美味！

2. 真相 辣椒是一种茄科辣椒属植物，为一年生草本植物。果实通常成圆锥形或长圆形，未成熟时呈绿色，成熟后变成红色、黄色或紫色，以红色最为常见。辣椒中含有辣椒素，有扩张血管的作用，同时能促进血液循环，还有降血糖的功能。有动物实验发现，长期补充辣椒素，能够帮助控制高血压。最新的动物实验发现，对原发性高血压大鼠进行长期的辣椒素干预，能明显降低血压及改善内皮依赖的血管舒张功能，血管蛋白激酶 A 和一氧化氮合酶磷酸化水平显著升高，同时伴有血浆中一氧化氮代谢物浓度的明显增加。一氧化氮是一种能扩张血管的物质，会使血管变宽，其所受到的来自血流的压力自然下降。但是，相关研究还缺乏数据支持。辣椒素是一种含有香草酰胺的生物碱，能够与感觉神经元的香草素受体亚型 1（VR1）结合。由于 VR1 受体激活后所传递的是灼热感（它在受到热刺激时也会被激活），所以吃辣椒的时候，人们感受到的是一种烧灼的感觉。

辣椒具有很高的营养价值，维生素 C 含量高居各种蔬菜之首，每 100 克辣椒中维生素 C 含量可高达 185 毫克。另外，它还含有丰富的 B 族维生素、胡萝卜素以及钙、铁等多种矿物质，可以补充人体所需的各种营养物质。

3. **结论** 食用辣椒或许对血压有一定的影响，但目前没有足够证据证明食用辣椒会升高血压还是降低血压。吃辣椒有着双向的影响，如果是轻度高血压，适当吃点辣味食物问题不大；如果血压不稳定，容易忽高忽低，或者高压难降，食用辣椒可能导致心率过速，引发交感神经的兴奋，建议消费者对自身血压及身体状况进行检查、咨询医生后再决定吃不吃辣椒。

七、吃茄子对身体好吗？

1. 传言　吃茄子对身体好。

2. 真相　茄子是一年生茄科茄属草本植物，在热带地区为多年生灌木，古称昆仑瓜，以幼嫩果实供食用，公元4～5世纪传入中国。茄子含有丰富的蛋白质、维生素、钙盐等营养成分，是夏秋两季人们经常食用的大宗蔬菜之一。

茄子的营养价值很高，每 100 克茄子含水分 95 克、蛋白质 1.2 克、脂肪 0.4 克、碳水化合物 2.2 克、粗纤维 0.6

毫克、钙 23 毫克、磷 26 毫克、铁 0.5 毫克、胡萝卜素 0.11 毫克、维生素 B_1 0.05 毫克、维生素 B_2 0.01 毫克、维生素 B_3 0.5 毫克、维生素 C 17 毫克。茄子富含维生素 P，其含量最多的部位是紫色表皮和果肉的接合处，故茄子以紫色品种为上品。

中医认为茄子性味苦寒，有散血瘀、消肿止疼、治疗寒热、祛风通络和止血等功效。现代医学研究证明，常食茄子可稳定血液中的胆固醇含量，可预防黄疸、肝脏肿大、动脉硬化等疾病。

茄子富含的维生素 P 等营养物质能增强人体细胞的黏着力，增强毛细血管的弹性，防止微血管的破裂出血，使血小板保持正常功能，并有促进伤口愈合的功效。因此，常吃茄子对防治高血压、动脉粥状硬化、咳血、紫斑症等有一定作用。最近医学研究

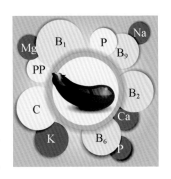

发现，在茄子等茄属植物中，还含有龙葵碱，该物质具有一定的抗癌功效。

茄子可凉拌，也宜熟烹、干制、盐渍。烹调茄子菜肴时，应选择新采收的嫩果。在茄子萼片与果实相连接的地方，有一圈浅色环带，这条带越宽、越明显，就说明茄子果实正快速生长，没有老化。如果环带不明显，说明茄子采收时，已停止生长，此时果肉已开始粗糙，种子变硬，影响食用。

在烹调茄肴前，应除去茄锈。因为用刀切开茄子后，茄肉表面容易氧化变黑，影响茄子的色泽。可将切好的茄块放入淡盐水中洗几下，挤去黑水，再用清水略冲即可。

炒煎烧蒸炖煮？

不能生吃吧。

　　3. 结论　　茄子属于寒凉性质的食物。所以夏天食用，有助于清热解暑，对于容易长痱子、生疮疖的人，尤为适宜。脾胃虚寒、消化不良、容易腹泻的人群则不宜多食。

8

八、蔬菜生吃更健康吗？

1. 传言　加热会让蔬菜中的部分营养流失掉，所以蔬菜生吃更营养。

2. 真相　蔬菜里面含有丰富的维生素和微量元素，将蔬菜洗干净直接生吃可以更有效获得这些营养，生吃蔬菜，既新鲜又不会破坏其中的维生素，而且蔬菜里的植物纤维、植物胶等物质还能促进肠道蠕动，预防便秘。研究表明，烹调会破坏食物中的维生素和矿物质，还会破坏有助于消化的酶。但实际上，生吃蔬菜并不一定更健康，加热烹调也不一定损失营养。研究显示，加热过的胡萝卜、菠菜、蘑菇、芦笋、卷心菜、辣椒和许多其他蔬菜，相比未加热的能为人体提供更多的抗氧化剂，如类胡萝卜素和阿魏酸。同样，加热能增加胡萝卜中β-胡萝卜素的水平。β-胡萝卜素属于抗氧化物质类胡萝卜素中的一种，能赋予水果和蔬菜红、黄和橙的色泽。人体能将β-胡萝卜素转化为维生素 A，维生素 A 对视力、生殖、骨骼生长和调节免疫有重要作用。此外，加热能帮助人们更好地消化食物而不需要消耗太多能量，还能软化那些无法被牙齿和消化系统处理的食物，如较硬的芥蓝等。加热会让蔬菜更美味，烹调处理后的食物也更方便食用，也能增进食欲。如韭菜、洋葱、西蓝花、花椰菜、萝卜等，未烹饪时有浓烈的气味，难以生吃。再者，烹调加热可以有效杀死可能致病的细菌和病毒，减少安全风险，且土豆、豆角和茄子等含有龙葵素、凝集素和皂苷，必须烹饪熟后才能食用。

3. 结论　是否生吃蔬菜要根据蔬菜类型来确定。

9

九、黄瓜顶花带刺是抹了避孕药吗?

1. 传言　顶花带刺黄瓜是指黄瓜成熟时，瓜体有花并带有嫩刺。出现这种情况是因为菜农给黄瓜打了避孕药。所以这种黄瓜要尽量少吃、不吃，儿童尤其如此。

避孕药?

2. 真相　产生顶花带刺黄瓜有两种情况。一是由于黄瓜自然单性结实而产生的。黄瓜的花基本上是雌雄同株异花，偶尔也出现两性花。黄瓜果实为假果，可以不经过授粉、受精而结果，结出顶花带刺的黄瓜。二是使用植物生长调节剂产生的黄瓜单性结实。冬春季在保护地中进行黄瓜栽培时，由于受低温、短日照、弱光等因素影响，黄瓜植株生长势弱，生长缓慢，雌花数量较多，坐果率低，影响黄瓜产量。种植户常常在开花当天或前一天用浓度约为 50 毫克/升的植物生长调节剂氯吡脲液涂抹花柄，以提高坐果率、增加产量。菜农使用氯吡脲的出发点并非让黄瓜保留花朵，这个作用只是"无心插柳"。氯吡脲能改变黄瓜内源激素水平，让更多的花结成果，也可以使黄瓜长得更大。自然情况下，雌花的受精就像是一个开关，一旦打开，果实就开始生长，花则开始凋谢。使用氯吡脲能促进没有受精的果实发育，从而延缓了花的凋谢。

3. 结论　在推荐的用法用量下，氯吡脲在果实和土壤里的残留量都很少，不会对人类健康产生影响。根据我国农药毒性分类标准，氯吡脲属于低毒植物生长调节剂，合规使用对人畜和环境是安全的。那么，如果过量使用呢？过量使用不但不能使效果更好，反而会使果实畸形，所以不买果形怪异的黄瓜就能避免这一情况。

10

十、笔直的黄瓜是打了激素吗?

1. 传言 市面上笔直的黄瓜都是打了激素长成的。

我弯我可爱

2. 真相 黄瓜是直还是弯均是在自然条件下形成的，其生长环境决定了黄瓜究竟是弯还是直。另外，黄瓜弯直的比例也受黄瓜品种的影响。湿度、光照、水肥等条件比较好的情况下，黄瓜生长旺盛，笔直的黄瓜出现的比例就较多。而黄瓜在生长环境不好的情况下，比如冬季光照时间短、温度较低，生长过程中缺水、养分不足，黄瓜的生长就会迟缓、发育不良，影响黄瓜的品相和产量。为了追求更高的经济利益，农户就会在黄瓜花上涂抹浓度适宜的植物生长调节剂氯吡脲。氯吡脲能够改善果实的生长状态，减少弯黄瓜出现的比例，提高黄瓜的产量和品相。

植物生长调节剂作为高产优质高效农业的一项技术措施，已在全世界得到广泛应用，包括美国、欧盟、日本等地。目前，我国已登记允许使用的植物生长调节剂共 30 多种，允许在黄瓜上使用的植物生长调节剂有赤霉素、芸薹素内酯、氯吡脲等。植物生长调节剂由于使用量非常少，降解又快，在花期和坐果初期使用，离采收的间隔时间较长，一般在成熟、收获的农产品中残留量很低或基本没有残留。

3. 结论　笔直的黄瓜，大家可以放心食用。黄瓜是弯还是直跟打药没关系，主要与品种和生长环境有关系。

11

十一、无籽西瓜是使用了避孕药吗?

1. 传言　有人说,无籽西瓜是用避孕药处理来达到无籽效果的,含有大量激素,经常食用对人体有害。

2. 真相　无籽西瓜的产生和人类使用的避孕药没有丝毫关系。无籽西瓜通常采用杂交方法获得的无籽果实。普通西瓜都是二倍体植株,也就是细胞内含有两组染色体,可以正常结籽。生产中用秋水仙素处理西瓜,将普通的二倍体西瓜和四倍体西瓜杂交,形成的三倍体西瓜。由于三倍体细胞在进行减数分裂时出现联会紊乱的情况,所以三倍体西瓜不能形成种子，本身没有繁殖能力。无籽西瓜并不会产生有毒有害物质，和避孕药更是无关。至于植物激素，被摄入人体后也不会有负面效果，完全不必谈激素色变。

西瓜是一种甘味多汁的水果，无籽西瓜还含有大量的维生素 C 和其他营养元素，所以有"瓜中之王"的美称。此外，相比普通西瓜，无籽西瓜的水分也特别多，尤其适合夏天食用，对于口渴汗多的人来说大有裨益。西瓜虽香甜，但不是人人都适合，糖尿病患者要适量食用。

3. 结论　无籽西瓜根本没有使用避孕药，可以放心食用。

12

十二、白籽西瓜是催熟的吗？

1. 传言 西瓜瓤是红色的，但西瓜籽却是白色的，是因为打过催熟药。

夏天西瓜和风扇是标配哦

白籽的

2. 真相 西瓜，从植物学上来说其实是一个果实，西瓜籽是西瓜的种子。对于西瓜的果实和种子来说，它们则是分别由西瓜花的子房和子房内的胚珠发育而来。同时，胚囊外侧的珠被细胞也在分裂和分化，并且进行了加厚，成了瓜籽外部那深色而坚韧的"皮"。在种子发育的同时，整个子房也在发生着显著变化，伴随着种子发育活动的刺激，子房壁和胎座细胞不断分裂膨大，使得整个子房变得膨大疏松起来，大量的水和营养物质（蛋白质、糖类、有机酸等）被运输到膨大的子房壁和胎座细胞中储藏起来，使其变得厚实而多汁，成了西瓜瓤。如果胚囊不能发育为正常种子，自然也不会形成种子内本应具有的"仁"和种皮。因此，平时看到的"白籽"，它的本质就是没有发育或短暂发育了一段时间就停止发育的胚珠。这些胚珠内部没有成形的种仁，珠被也没有加厚和变色，看起来就成了柔软色白的白籽。

使用激素并不等于催熟。那么有人会问，既然人们会通过使用植物激素使得未授粉的西瓜果实发育，那么是不是就意味着白籽西瓜是催熟的呢? 其实，这是植物激素的正常使用方式。植物的一切生理活动都在各种植物激素的严密调控之下进行，并保证植物生理活动的准确有序。西瓜生产中，对未授粉的花朵施加外源激素，其目的是模拟正常授粉西瓜内的激素水平，从而刺激子房进行正常的发育，这是一个正常的人为补偿。当幼瓜发育到一定大小时，就要严格控制外源性激素的使用，因为不适当的激素使用，会造成西瓜过快膨胀或不均匀发育，从而造成裂瓜、歪瓜等情况，得不偿失。

3. 结论　白籽西瓜是人工培育的无籽西瓜或是没有经过授粉的西瓜。对于没有经过授粉的西瓜，人们的确会通过在特定时期施用适量植物激素等手段，来达到促进果实正常发育的目的，这是一种常规的生长调节手段，并非"催熟"。

13

十三、瓜瓤太红的西瓜是打了增红增甜添加剂吗？

1. 传言 打针西瓜，是指许多黑心商贩为了让西瓜提前上市、挤进高价水果的行列，用医用注射器把食品添加剂甜蜜素和胭脂红等注射到尚未成熟的西瓜中。"白筋"和"黄色硬块"就是打针注入的地方。在接受注射后，一个个"瓤红味甜"的西瓜上了市民的餐桌。

2. 真相　红瓤含番茄红素和胡萝卜素，且主要由番茄红素含量多少决定，由此形成淡红、大红等不同色泽；黄瓤则含各种胡萝卜素。色素的形成与温度有关。同一品种在不同季节栽培，由于果实发育期所处的温度不同，瓜瓤的深浅有一定差别。另外，果实的阳面较阴面着色较好，这是因为果实阳面的温度高于阴面之故。在秋季栽培条件下，因为西瓜变瓤期气温较低，影响红瓤品种中茄红素的形成，致使瓤红色变淡。

研究证实，往西瓜里打针是不可行的。第一，针筒容易堵塞；第二，即使打进去的液体也会从针眼处往外冒；第三，注入进的液体不会进行扩散，且容易加速西瓜的腐坏；第四，"白筋""黄色硬块"是由于西瓜子房发育以及果实生长过程中，遇到低温连阴天或管理不当，植株的营养生长与生殖生长不协调，导致子房与果实营养缺乏、发育不良，或

在低温下授粉不均匀，部分组织发育受阻形成，可能影响味道，但非安全问题。第五，注射的液体不会被吸收。因为植物只有通过维管束组织才能吸收水分与营养，强行注入的液体只会在微小组织内积累，且会破坏西瓜瓤组织特性，不可能像传言中描述的西瓜瓤呈红色且汁液也很丰富。

3. 结论　瓜瓤颜色太红，是由西瓜本身色素含量多少决定的，不是打针注入了增红增甜添加剂。西瓜含糖量高，味甘甜，根本没必要打增甜剂。红瓤瓜可以放心食用。

14

十四、尖顶番茄是激素使用过量造成的吗？

1. 传言 很多菜摊上的番茄不是圆顶而是尖顶，尖顶番茄是激素使用过量造成的，长期食用会中毒甚至致癌。

2. 真相 番茄富含多种营养，又有多种功能，被称为"菜中之果"。番茄含有对心血管具有保护作用的维生素和矿物质元素，能够防治心脑血管疾病；它还含有丰富的谷胱甘肽，可以有效抑制黑色素的生长，使沉着的黑色素减退或消失，从而预防衰老，美白皮肤。此外，番茄富含番茄红素，番茄红素具有独特的抗氧化能力，能清除自由基，保护细胞，使脱氧核糖核酸及基因免遭破坏，起到抗癌防癌作用。一般来说，番茄果实越鲜红，番茄红素含量越高。

番茄尖顶是由多种原因造成的。一是品种问题。番茄的品种非常多，有些品种外形是扁圆形，就不容易出现尖头；而有些品种外形是高圆形，这种在生长过程中有可能出现畸形，长成尖头。但这仅仅是外观形状的变化，并没有研究证明其对人体健康不利。

二是激素原因。为了提高产量，番茄的培育过程中需要用到激素，即现在大多采取的人工干预的方式。一种是生长激素，通常用 2,4 - D 来点花，防止落花落果；另一种是为了着色好、卖相好而使用的催熟剂，一般常用的催熟剂是乙烯利。番茄本身在成熟过程中会自然释放出乙烯气体促进果实成熟。但当气温较低时，由于果实呼吸作用弱，产生的乙烯气体少，果实成熟慢。为了促进果实成熟，菜农就会把人工合成的乙烯利涂抹在果实上，放出乙烯气体，这样可促使番茄果实早熟 7～12 天。如果乙烯利的配比浓度不当或过高，就会造成番茄果实尖头。

2,4－D、乙烯利作为番茄生产中常用的植物激素对人畜无害，国家对其使用浓度有着严格的要求，限用浓度非常低，可以令消费者放心。

此外，植物激素的使用，一般是在植物开花时使用，而不是在番茄结果后使用，使用过多会抑制植物的生长，所以一般不会存在激素使用超标的情况。

为了心安，大家可以尽量选择自然成熟的番茄，自然成熟的番茄有红绿相间的果蒂，果实整体比较圆滑，成熟度适中，摸上去比较柔软，而且番茄籽呈土黄色，果肉为红色，水分充足。而使用催红剂的番茄个头要比一般的番茄大，有的顶端处可能会出现像桃子一样的尖顶。

从外观上来看，催红的番茄颜色要么非常鲜艳，看上去十分饱满，或有红一块、白一块的情况。催红的番茄吃起来口感稍差，且催红的番茄可以在常温下放置很长的一段时间不会腐烂。

3. 结论　尖头番茄主要和品种、栽培环境及管理措施有关，并不像谣言说的那样可怕，更不会使人中毒或致癌。所以这种说法是不可信的。

15

十五、特别甜的香瓜是喷施了增甜剂吗？

1. 传言 有媒体曝光称，一些瓜农为了增加香瓜的甜度，会给正在生长期的香瓜喷洒疑似甜蜜素的增甜剂。

2. 真相 真正的甜蜜素是一种食品添加剂，其学名为环己基氨基磺酸钠，是我国食药监管部门批准允许使用的食品添加剂，甜度是蔗糖的 40 倍左右，用于水果罐头、果酱、蜜饯、面包、糕点、饼干、饮料和果冻等的加工生产中，在香瓜生产过程中向植株喷施甜蜜素一般不可能，也没有必要。甜蜜素是水溶性的，很难透过水果表皮的蜡质层，即使

喷洒甜蜜素也只能留在瓜的表皮，无法渗透进去。生产中喷施的增甜剂实际上是微量元素、氨基酸等叶面肥料，它们的作用是通过补充植物营养，调节植物生长，促进糖分的积累和转化，增加甜度，不会给瓜果产品带来质量安全问题。在香瓜生产中使用叶面施肥是一项正常的生产管理技术。

叶面肥

喷一喷更甜。

3. 结论　特别甜的香瓜喷施增甜剂是假的。

16

十六、韭菜与剧毒农药有关吗？

1. 由来 韭菜因其较强的生长力和鲜美的味道，一直备受消费者青睐。近年来，毒韭菜事件频发，深受其害的消费者谈韭色变。令人望而生畏的韭菜为何成为毒农药的代言词，这主要和韭蛆有关。韭蛆危害大，而且不易根治，反反复复发生，严重影响韭菜产量和品质。国家明令禁止生产销售的剧毒农药，在生产中仍然有违规生产和使用的情况，农户为了消灭韭蛆而使用禁用农药，韭蛆幼虫被杀死了，而过量的农药被韭菜根部吸收。韭菜缺少足够的安全间隔期，农药残留超标，这就是常说的毒韭菜的成因之一。此外，为了防病治虫、增加收益，农户也会过量使用低毒农药，造成农残超标。

谈韭色变

2. 现状 韭蛆是韭菜迟眼蕈蚊的俗称，分成虫（飞蛾）、卵、幼虫、蛹 4 个阶段，是韭菜的主要害虫。主要以幼虫聚集在韭菜地下部的鳞茎和柔嫩茎部危害。韭菜受害后，地上叶片瘦弱、枯黄，萎蔫断叶，腐烂或成片死亡。韭菜收割后流出的白汁容易招引飞蛾，飞蛾在韭菜根部产卵后，生产幼虫，幼虫常钻破韭菜根部的表皮，蛀食内部组织，并由根部向上蛀食韭菜，韭菜生长点遭受危害，植株就萎蔫死亡或腐烂。

当前从技术层面上，韭蛆防治方法很多，可有效避免农残出现，一是农业措施，合理增施有机肥（完全腐熟），平衡施氮磷钾肥，补充微量元素肥料，增强韭菜抗性；增施微生物菌肥，增强土壤生物活性，改良土壤；灌水或晒土杀虫等。二是物理防治，糖醋诱杀、挂黄色黏虫板、捕杀幼虫、高温闷杀、臭氧熏杀或设置 50 目的防虫网，对韭菜生产田块进行隔离，防止韭蛆成虫侵害和蔓延。三是生物药剂防治，可用 1.1%苦参碱粉剂 3 千克兑水 50 千克喷洒防成虫，或亩撒施复方苦参碱杀虫剂 1～2 千克，或用 0.5%印楝素乳油 600～800 倍液灌根，也可亩用 300 毫升 10 亿/毫升荧光假单胞菌，或 25%灭幼脲悬浮剂 200 毫升，每亩兑水 50～60 千克顺垄灌根。四是化学防治，可在灌水后 3 天，用 20%灭蝇·噻虫胺悬浮剂 400～600 倍液或 25%噻虫嗪水分散粒剂 180～240 克/亩灌根防治幼虫，也可用 5%甲氨基阿维菌素悬浮剂 6～8 毫升/亩喷雾防治成虫，注意用药安全间隔期。

科学防治为避免毒韭菜提供了技术保障。政策的保驾护航从田间地头一直监管到餐桌，为"菜篮子"安全"保驾护

航"。2017 年 11 月 1 日零时起，山东省全面启动实施韭菜产品"双证制"管理，严禁无《产地合格证》和《市场销售凭证》的韭菜产品进入食用农产品市场、生产加工、餐饮服务环节。推行韭菜"双证制"的具体要求：一是韭菜生产企业、农民合作社、韭菜种植面积 0.5 亩以上的家庭农场，必须持有韭菜《产品合格证》；二是农产品批发市场销售韭菜的经销户，必须持有《市场销售凭证》；三是农产品批发市场，会对经营上售卖的韭菜进行不定期的抽检，一旦检测出农药残留超标，将直接让经营户停止售卖。

3. 结论　当前从正规超市、市场等购买的韭菜是安全的，可以放心食用。

十七、马铃薯变绿后有毒吗?

1. 传言 田间收获或从市场上购买的马铃薯,很多块茎发绿。传言马铃薯块茎变绿后有毒,不宜食用。

我绿了咋的了,二弟还发芽了呢!

说谁呢

2. 真相 马铃薯别名土豆、洋芋、山药蛋等,原产南美高山地带,一年生草本植物,是茄科茄属中形成地下块茎的栽培种。马铃薯是重要的粮菜兼用作物,还可酿酒和制淀粉等,用途广泛。因其生长期短,能与玉米、棉花等作物间套作,被誉为不占地的庄稼。马铃薯适应性强,光合效率高,产量高,产品耐储运,在蔬菜周年供应上有补缺的作用,我国南北方均有较大栽培面积。

马铃薯变绿是受光合作用影响而生成的叶绿素。为何食用发绿的薯块会导致人不适，主要是龙葵素所致。质量好的马铃薯每 100 克含龙葵素 10 毫克左右，但在马铃薯变青、发芽、腐烂的过程中会产生大量的龙葵素，甚至可以增加 5 倍或更多。大多茄科植物中都含有龙葵素，如番茄、龙葵等。龙葵素是"糖苷生物碱"家族的一个统称，具有腐蚀性，主要存在分布于马铃薯植株的花、叶子、芽和芽眼等里，薯块中龙葵素的含量很少，所以通常食用马铃薯都是安全的。但如果薯块中龙葵素的含量超过 0.2 克/千克，就会危害人体健康，刺激人的胃肠道黏膜，误食会出现恶心、呕吐、腹痛、腹泻等症状，严重会导致抽搐、休克、昏迷及呼吸困难。

龙葵素虽对人类属于一种毒素，但对马铃薯来说，它能

我发芽、变绿其实没那么可怕哦！

够对抗细菌和害虫，起到自我保护的效果。联合国粮食及农业组织、世界卫生组织联合食物添加剂专家委员会研究认为，马铃薯的龙葵素含量，薯肉低于 0.1 克/千克、薯皮低于 0.09～0.4 克/千克对安全无影响，可以放心吃。

3. 结论　马铃薯发青后，龙葵素含量会上升，主要集中在表皮部分。薯块出现绿色，龙葵素含量并不高，只要没有苦涩味，经过削皮、水洗、高温和醋处理，大部分龙葵素都被分解了，少量食用也不会使人中毒。如果马铃薯薯块变绿很严重，渗入内部很深，就不能食用了。

18

十八、马铃薯生汁能抗癌吗？

1. 传言 "马铃薯生汁能抗癌"的传言近几年甚嚣尘上，后来演变为能够治疗肝病、心脏病、糖尿病、胃溃疡、高血压、肾病、腰痛和肩膀痛等。马铃薯生汁俨然成了救命的灵丹妙药。

马铃薯生汁抗癌？听我土豆博士解说。

2. 真相 马铃薯是全世界第四大粮食作物，仅次于水稻、小麦和玉米。马铃薯块茎富含淀粉及蛋白质、矿物质和维生素等多种营养成分，丰产性好，适应性广，具有改善胃肠道和消化系统，降低心脏病、高血压及呼吸系统疾病等风险。

马铃薯具有这么高的营养价值和健康功效，能够带来诸多裨益，是否"马铃薯生汁抗癌"的说法是真的呢？目前，并没有任何科学依据证明马铃薯生汁具有抗癌的功效。喝马铃薯生汁不仅不抗癌还可能产生许多健康风险，甚至导致中毒。马铃薯薯块淀粉生吃不容易被消化吸收，会引起腹胀和腹痛。而且马铃薯块茎中含有一些有毒的生物碱，主要有龙葵碱和卡茄碱，不当摄入龙葵碱会引起腹泻、恶心、腹痛、头痛等反应，严重时甚至会导致器官衰竭和死亡。马铃薯生汁含维生素 B_{17}，即苦杏仁苷类物质，非 B 族维生素，被人体摄入后，在酶的作用下会产生有剧毒的氰化物——氢氰酸。氢氰酸被胃肠吸收后，阻止细胞色素氧化酶递送氧，致使细胞的正常呼吸不能进行，造成组织缺氧，体内的二氧化碳和乳酸量增高，使机体陷入内窒息状态。同时，氢氰酸还可毒害呼吸中枢和血管运动中枢，使之麻痹，甚至出现恶心呕吐、头晕、心悸、四肢无力等症状，严重时致人死亡。

马铃薯薯块中有很多的化学物质，可以抗氧化、抑制不良细胞生成、增殖和凋亡等，但都必须在平衡膳食的基础上"协同作战"才能够起到作用，单独任何一种蔬菜都不能起到防癌的作用。

3. 结论　癌症的本质是恶性肿瘤，其病因医学界尚未完全了解，更不用说靠马铃薯生汁治疗癌症。所以马铃薯生汁能抗癌纯属凭空虚构，缺乏科学依据。

19

十九、空心菜是最毒的蔬菜吗?

1. 传言　网络上一直传言空心菜有毒，说空心菜是吸收农药和重金属最厉害的蔬菜，其重金属超标，对人体可能会带来致命的伤害。

我最毒？

2. 真相　空心菜又名竹叶菜、蕹菜、藤菜，属旋花科一年生或多年生蔓性草本植物，主要分旱蕹和水蕹两种，还有半水半旱类型，以嫩茎、叶炒食或做汤，是夏秋季很重要的蔬菜。空心菜富含维生素、矿物质和膳食纤维，其中含有类胰岛素成分，能降低血糖；膳食纤维可刺激胃肠蠕动，利于消化；丰富的维生素 C、胡萝卜素有助于增强体质，防病抗病；叶绿素可洁齿防龋等。此外，经常食用还有清热解毒、凉血止血、滋阴润燥等功效。

不可否认,当前蔬菜生产为了追求高产量、高效益,过量施肥用药现象普遍,局部地区较为严重。生产中,也不可避免会被环境中的污染物污染,但并没有证据表明空心菜就是蔬菜中的"毒王"。空心菜属于常见的速生叶类蔬菜,一般播种后30天左右,植株生长到35厘米时即可采收,生育期较短,对营养成分(包括微量元素)的吸收会快一点,但这不代表同等重量的蔬菜中,空心菜就比其他蔬菜中重金属含量高。蔬菜是否重金属超标,并不取决于蔬菜本身,而是种植地的土壤、水源和空气等是否受到污染。目前,栽培管理技术规范,不使用、不滥用国家禁止用的农药,通常不会超标。

3. 结论　任何蔬菜都会吸收农药、重金属等有毒有害物质,空心菜吸附重金属的能力较强,但吸附的量并不多,从正规渠道购买的空心菜可以放心食用,不必担心。选购时挑选叶茎完整、新鲜细嫩、不长须根、叶子宽大新鲜的为宜。

二十、吃芦笋会得结石吗？

1. 传言　芦笋属于含草酸较多的蔬菜，吃了芦笋会得肾结石。谣言依据：芦笋富含草酸，容易与钙结合形成草酸钙，引起肾结石；富含嘌呤导致尿酸升高，也容易导致肾结石。

都怪你！

2. 真相　芦笋素有"蔬菜之王"美誉，在我国南北方均有大面积种植。其富含蛋白质、氨基酸、多种维生素和矿物质，含量均高于一般水果和蔬菜，特别是天冬酰胺和微量元素硒等，具有利尿通淋、清热解渴、提高免疫、降脂减肥等功效，适宜夏季食用。芦笋还是典型的高钾低钠的蔬菜，经常食用可以辅助控制血压，所以芦笋也是非常适合高血压人群食用的。另外，芦笋中还含有丰富的膳食纤维和B族维生素，对于保护心脏非常有益。

结石是指人体或动物体内的导管腔中或腔性器官（如肾脏、输尿管、胆囊或膀胱等）的腔中形成的固体块状物。主要见于胆囊及膀胱、肾盂中，也可见于胰导管、涎腺导管等的腔中，影响受累器官液体的排出，产生疼痛、出血或继发性感染等症状。人体结石有80%～85%的成分是草酸盐结石，即大部分结石是由于摄入过多含有草酸的食物所引起的。

蔬菜种类繁多，芦笋并不是唯一含有草酸的蔬菜，芹菜、菠菜等蔬菜均含有草酸，通过焯水等方式去除草酸即可。此外，植物嘌呤和动物嘌呤是不一样的。临床已经证明，食用芦笋不会造成尿酸升高。因芦笋具有利尿的功效，可以有效预防肾结石。那么产生结石的主要原因是什么呢？

结石的产生主要是由于不良饮食习惯，如饮水量太少，摄入的肉类多，蔬菜等含纤维素的食物过少，运动过少，饮水的水质不佳及其他疾病引起。目前没有证据表明芦笋和结石有关。

3. 结论　食用芦笋会得结石是假的，相反，芦笋可有效预防和化解肾结石。

21

二十一、吃娃娃菜、西葫芦会致癌吗？

1. 传言　有人称娃娃菜通过蘸甲醛溶液来保鲜，经过甲醛浸泡的娃娃菜卖相好看、保存久。西葫芦致癌来自烹饪，有人认为经过高温爆炒，蔬菜会释放令人致癌的丙烯酰胺，且蔬菜中西葫芦高温加热后释放出的丙烯酰胺最多，平均每千克高达 360 微克。

不要误会我们

2. 真相　甲醛是一种有特殊刺激气味的有机化合物，无色，对眼、鼻有刺激作用。甲醛被世界卫生组织确定为致癌和致畸形物质，在蔬菜上使用会致癌。甲醛的水溶性和挥发性很强，很难在蔬菜表面积累。此外，甲醛不是食品添加剂，在娃娃菜里添加甲醛属于违规行为，所以正规超市、农贸市场购买的娃娃菜是不会致癌的。

有学者研究认为，含有天门冬酰胺和还原糖的食物，经过 120 ℃以上高温炒制会产生化学反应，形成丙烯酰胺。国际癌症研究机构已将丙烯酰胺列为 2A 类致癌物。不仅如此，丙烯酰胺还会损害人体神经系统，摄入高剂量的丙烯酰胺会令人情绪低落，产生幻觉，甚至失去记忆。在日常饮食中，西葫芦不是每顿都吃，丙烯酰胺摄入量极少，不会对人体产生影响。

3. 结论　娃娃菜、西葫芦致癌是谬论。

22

二十二、瓜瓤里有黄白筋的西瓜
是注水瓜吗？

1. 传言 有瓜农给西瓜注水增加西瓜的重量，瓜瓤里有黄白筋是注水导致的。

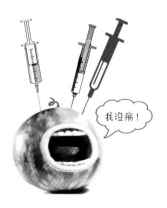

我没病！

2. 真相 西瓜里白色的痕迹是西瓜的维管束。只不过大部分西瓜成熟过程中，这些维管束就降解了，受到品种、肥料等因素的影响，有些西瓜的维管束纤维没有降解，甚至发生了木质化，从而形成了黄白色的条带。如果，在种植过程中遇到了恶劣的天气，比如低温、高温、干旱等，有的品种就会出现黄白筋甚至空心，这些筋会影响口感，让人感觉西瓜肉质变粗，但对人体健康没有任何影响。事实上，西瓜皮形成了个封闭环境，保护了里面的西瓜瓤，如果打针，真菌会通过针眼进入西瓜内，造成西瓜瓤迅速变质，这样做不科学。而且西瓜内部是个封闭环境，要打针注水进去增加瓜重，需要承受瓜内的压力，且需要费很大力气才能将水注入。西瓜只有通过维管束组织才能吸收水分与营养，强行注水只会在微小组织内积累，且会破坏西瓜瓤组织特性，所以向西瓜内注水的可操作性并不大。

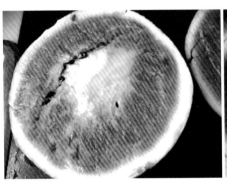 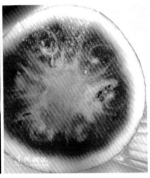

3. **结论** 西瓜注水是假的。

23

二十三、吃大蒜能防癌吗？

1. 传言　有宣传称，大蒜和番茄、绿茶一起被列为三大抗癌佳品。

防癌抗癌高手

2. 真相　大蒜别名胡蒜、蒜，属百合科葱属，为一、二年生草本植物，主要以肥大的肉质鳞茎和鲜嫩的花茎器官为产品，其肉质鳞茎营养丰富，含有较多的蛋白质、碳水化合物和维生素，是营养价值很高的一种蔬菜。大蒜味辛、性温，含有叫硫化丙烯的一种辣素，其杀菌能力可达到青霉素的 1/10，对病原菌和寄生虫有很好的杀灭作用，可以起到预防流感、治疗感染性疾病和驱虫的作用。大蒜能激发脱毒酶的活性，通过增强解毒功能，从而干扰致癌物质亚硝胺的合成，而且大蒜中所含的硒具有抗癌的良好作用。大蒜中的有效成分还具有降血脂和预防冠心病及动脉硬化的作用，并可防止血栓的形成。大蒜可生食、拌食、炒食，还可加工成蒜酱、蒜粉、大蒜蛋黄粉、蒜醋、蒜酒、糖醋蒜和盐蒜等。大蒜产量高，耐储藏，耐运输，供应期长，对调剂市场需求、解决淡季供应具有十分重要的意义。大蒜也是重要的加工原料和出口创汇蔬菜，是主要的辛辣蔬菜之一。中国是世界上大蒜种植面积较大、产量较高的国家之一，主要产区有山东、河北、辽宁、吉林、黑龙江、陕西等省份。

　　关于大蒜能否防癌的研究目前做了很多，但大部分都是体外实验，尽管有很多体外实验表明，大蒜中的某些成分——蒜精或蒜油有防癌作用，但是对人效果怎么样，还是要看临床试验的结果。目前，仅有的一些临床试验表明，食用大蒜可能会降低喉癌、食管癌、口腔癌、头颈癌、卵巢癌、肾癌、结肠癌、前列腺癌和子宫内膜癌的发病风险。还有一些研究表明，吃大蒜补充剂对肺癌和胃癌来说，没有预防作用，甚至还可能增加结直肠癌的患病风险。大蒜虽然没有防癌作用，但是有杀菌作用，可以用来缓解胃癌、肠癌、肝癌、肺癌、乳腺癌等以及高血脂、糖尿病和心脏病病人的疾病症状。另外，食用大蒜对冠心病、动脉硬化等也有一定的预防作用。但过多生吃大蒜，易动火、耗血、影响视力，对肠道也有刺激作用。所以，阴虚火旺，患有胃炎、胃溃疡、十二指肠溃疡、肾炎、心脏病者不宜多吃。由于大蒜有较强的杀伤力，在杀死肠内致病菌的同时，也会把肠内的有益菌杀死，引起B族维生素缺乏，导致口角炎、舌炎、口唇炎等疾病。

3. 结论　大蒜防癌只是个谣言，大蒜可能并没有传说中的防癌作用，但是用大蒜来缓解癌症、糖尿病等疾病的症状，预防冠心病、动脉硬化等还是可以的。

24

二十四、芹菜有杀精和抗癌效果吗?

1. 传言 民间有这样的说法,说芹菜能杀精,还能抗癌。

防癌　　　　杀精

2. 真相 芹菜,别名旱芹、药芹,伞形科芹属二年生草本植物,原产于地中海地区沿岸的沼泽地区,在我国栽培历史悠久。主要可分为三类:一类是芹属的旱芹和西芹,一类是水芹属的水芹,还有一类是欧芹属的欧芹。旱芹的原产地在地中海的沼泽地区,经过人工培育和驯化,才逐渐成为

人们喜闻乐见的一种蔬菜。旱芹和茴香、香菜、胡萝卜是亲戚，继承了"伞形科"气味浓郁的传统，因此也被称为香芹。市面上也有一些白秆的芹菜，实际上是旱芹的变种，类似于白化。17世纪左右旱芹在欧洲经过品种改良，形成了今天的西芹。西芹与旱芹最大的区别是秆比较粗壮，叶子相对比较少。水芹原产于东亚，因生长于水边而得名，在中国有数百年的食用历史。目前，它在我国南方种植较多，外观和口感上与旱芹、西芹的区别较大。欧芹，俗称法国香菜，和其他几种芹菜也是亲戚，中国人虽不常吃却经常见，经常作为餐馆里的菜品装饰。目前，芹菜栽培几乎遍及全国，是较早实现周年生产、均衡供应的蔬菜种类之一。

芹菜中含有一种叫芹菜素的东西，又叫芹黄素，是一种黄酮类化合物。科学家用芹菜素做试验，发现它对小鼠的睾

丸有一定毒性，对雌性小鼠的生殖能力也有负面影响。不过，剂量决定毒性，芹菜中芹菜素的含量通常很低。对小鼠有害的芹菜素剂量如果换算成芹菜，相当于成年人每天至少吃 10 千克芹菜，事实上在生活中并不可能。所以，芹菜杀精谣言不攻自破。

体外试验证实，芹菜素对鼻咽癌、肝癌、肺癌、胃癌、结肠癌、膀胱癌、卵巢癌、前列腺癌、甲状腺癌、皮肤癌等都有一定抑制作用。但是，体外试验的结果未必能在体内实现。芹菜素要到达癌细胞并不容易，而且抗癌所需要的剂量光靠吃芹菜是达不到的。另外，芹菜素杀死癌细胞的剂量会不会对人有其他不良影响也不得而知。

3. 结论　芹菜有杀精与抗癌效果是假的。

25

二十五、紫甘蓝是转基因蔬菜吗？

1. 传言 紫甘蓝颜色艳丽，有人会将它误认为是转基因的包菜。

2. 真相 紫甘蓝别称红甘蓝、紫洋白菜等，以紫色叶球为食用器官，是十字花科芸薹属甘蓝中能形成紫色叶球的一个变种，为两年生草本植物，原产于地中海沿岸。紫甘蓝之所以是紫色的，主要是因为其含有丰富的花青素，花青素是一种强有力的抗氧化剂。除此之外，紫甘蓝还含有丰富的维生素 C、维生素 E、B 族维生素、铁、硫和膳食纤维等。虽然紫甘蓝在我国栽培食用时间不长，但因其丰富的营养和美丽的色彩备受青睐。

紫甘蓝含有的膳食纤维能促进肠道蠕动，增进食欲及预防便秘，降低胆固醇水平，也能补充人体所需的多种维生素和花青素，保护身体免受自由基损伤，增强人体的活力。

　　紫甘蓝的营养价值高于结球甘蓝，据测定，每 100 克鲜菜含胡萝卜素 0.11 毫克、维生素 B_1 0.04 毫克、维生素 B_2 0.04 毫克、维生素 C 39 毫克、维生素 P 0.3 毫克、糖类 4%、蛋白质 1.3%、脂肪 0.3%、粗纤维 0.9%、钙 100 毫克、磷 56 毫克、铁 1.9 毫克。

　　3. 结论　紫甘蓝其实并不是转基因蔬菜，这种生活中常见的蔬菜营养价值丰富，所以大家可以放心食用。

26

二十六、吃芹菜会让人皮肤变黑吗？

1. 传言　关于光敏食物的传说广泛流传，说是吃了这些食物，出门就会被晒黑。

晒晒更健康

2. 真相　芹菜中纤维含量较高（可占到干重的 1/3），纤维进入胃肠之后不能被消化，只提供"饱"的感觉而不提供热量，这是芹菜有利于减肥的理论基础。

为了抵抗病虫的袭击，芹菜会产生呋喃香豆素类物质，其中有名的一种为补骨脂素。它是一种小分子物质，可以直接作用于皮肤，也可以通过口服来发挥作用。补骨脂素一度被用于帮助晒黑皮肤，直到 1996 年才因为它能增加皮肤癌的风险而停止使用。因为芹菜中含有补骨脂素，所以说吃芹菜会导致晒黑也有理论依据。

　　研究表明，芹菜是含光敏物质较多的蔬菜之一，但其含量除了跟品种有关，主要还跟种植状况有关，没有病害威胁的就会产生很少甚至没有。加拿大的一项数据显示，114 个芹菜样品中，有 88 个能够检测到光敏物质。瑞士科学家在 1991 年曾经发表过一项研究，4 个志愿者各吃了 300 克呋喃香豆素含量为每千克 28.2 毫克的芹菜根，然后进行紫外光照射，没有观察到不良反应。因此，对于大多数人来说，吃几百克芹菜，还不至于达到让皮肤受到紫外线损伤的地步。

　　食用光敏食物是否导致光敏反应及光敏性皮炎取决于个人的体质，而光敏性皮炎其实是一种过敏性反应，并且发生光敏反应必须满足几个条件：光、敏感体质和光敏食物。

　　本身属于过敏体质，同时需摄入大量光敏食物，并且马上在户外长时间接触高温和强烈紫外线照射，缺少任何一个条件都不会发生光敏反应。

如果本身是过敏体质，并且需要长时间在户外工作的人群，就不妨把这些蔬菜放在晚上吃，等再接触阳光时，光敏物质已被吸收了，也就起不到作用了。对于一般人来说，吃光敏食物不会有问题。

　　3. 结论　由此可见，食用光敏食物会使皮肤变黑的说法并不科学，况且有些光敏食物不仅不会因为"感光"而引起皮肤变黑、长斑的问题，反而对美白和预防皮肤问题很有帮助。因此，大家可以放心食用。

27

二十七、反季蔬菜可以安全食用吗?

1. 传言 有人认为,冬天市场上的蔬菜基本上是大棚里种植的,肯定使用很多激素和农药,最好少吃。

我们都是反季节蔬菜

2. 真相 要谈反季节蔬菜的安全性,还是先了解一下反季蔬菜究竟从何而来,主要在哪些地方发生了变化。从来源看,所谓的反季节蔬菜有三类,第一类是异地种植,即从南方运送而来的蔬菜,比如云南、海南出产的被运至北方的蔬菜;第二类是通过长期保存获得,如冷库里储存的蒜薹;第三类则是大棚种植蔬菜。只要通过采用一定的设施结构保证适宜的温度和湿度,蔬菜们照样会在隆冬时节伸枝展叶,开花结果。

在大棚反季节种植蔬菜过程中，像黄瓜、番茄等蔬菜，在生产管理中，使用一些国家规定的植物激素如番茄灵、防落素等，有助于打破休眠、促进开花、化学整枝、防止落果等。每一种植物激素都是经过了长时间的毒理研究，才进入使用阶段。可以说，允许使用的植物激素，基本都是无毒或者低毒的。植物激素在植物体内会发生降解，随着时间推移浓度会降低。总之，植物激素只要合理使用，蔬菜的食用安全性是有保障的。

大棚蔬菜使用农药也是生产需要，大棚环境适宜反季节蔬菜种植，也适合害虫和病菌繁殖。有经验的种植户不会超量使用农药，因为农药的使用量与杀虫效果不成正比，农药过量还会伤害植物本身和提高害虫的抗药性。农药也是农业科研人员经过长时间的验证后才应用到生产中的，科学合理使用农药、控制农药残留是关键。

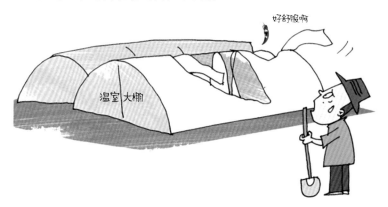

好舒服啊

温室大棚

3. 结论　人们都希望吃到天然无污染、味道好、价格实惠的蔬菜，反季节蔬菜的生产已经经过多年的发展，栽培技术逐渐成熟，品质有保障。因此，反季节蔬菜可以放心食用。

28

二十八、泡过"药水"的蒜薹可以安全食用吗？

1. 传言 蒜薹都是经过"药水"浸泡来保鲜的。

2. 真相 蒜薹的薹苞部位作为"传宗接代"的器官，处于发育旺盛阶段，若不在低温、高湿、低氧的条件下储存，食用部分的营养和水分会迅速"贡献"给薹苞，自身老化、纤维化，就没法吃了。在高

湿条件下，蒜薹梢部也容易发霉，一旦发霉，往往会造成整库蒜薹"全军覆没"。蒜薹采后若不采用任何保鲜措施，也就能放 1 周左右，加上冷库储存，也就能延长到两三个月。因此，需要用保鲜剂来帮助延长"寿命"。

蒜薹保鲜剂从 20 世纪 80 年代就开始使用了，主要有两种类型：一种是烟剂，蒜薹入库架上预冷期间进行密闭烟雾熏蒸抑菌；另一种是液剂，在蒜薹入储前或库内预冷期间，进行蘸梢或喷梢，晾干后装袋，达到抑菌防腐目的，兼有对

薹梢保绿防衰的作用。在蒜薹收获后、入库储藏前，蒜农一般用蒜薹保鲜剂浸泡蒜薹，其主要成分是咪鲜胺，可有效抑制蒜薹储藏期霉变、老化，结合冷库储藏可使蒜薹的储藏期延长至 8 个月以上。咪鲜胺是一种广谱、高效的杀菌剂，从咪鲜胺在其他农产品中残留代谢情况看，常温下咪鲜胺的半衰期约为 10 天，1 个月后降解率可达 90%；冷库条件下 70 天左右其降解率可达 90%，若蒜薹经过 8 个月储存，其中残留的咪鲜胺也被降解了。

蔬菜采后的保鲜处理技术包括温度控制、质量检测、抗菌处理等方法，也是蔬菜加工过程中的必需环节。因为采摘后的蔬菜要经过长途运输，采取一定的保鲜措施，才能更好地保证蔬菜的质量。常用的保鲜方法之一就是用含有保鲜剂和杀菌剂的水溶液清洗、浸泡蔬菜。

3. 结论 在农业生产中，用来浸泡蔬菜的杀菌剂、保鲜剂包括抑霉唑、咪鲜胺、噻菌灵等，这些药剂属于国家规定的低毒杀菌剂，只要合理使用，并不会对人体产生危害，大家也不用担心。

29

二十九、醋泡蔬菜能清除农药残留吗?

1. 传言 曾有报道称:科研人员发现滴几滴普通白醋入水中,泡花椰菜两分钟,即可把农药清除。

2. 真相 简单来说,醋确实能够溶出部分农药,但并非所有农药。因此,醋绝非万能的蔬果农药清洁剂。

在我国常用农药中,主要是有机磷农药和有机氯农药。有机磷农药大部分属于水溶性,清水就能直接清洗掉。而有机氯农药属于脂溶性,不易溶于水,即使用醋对蔬果进行浸泡,也很难去除。蔬菜农药残留分两类,一类是附着式,农药残留只在蔬菜表面;一类是内吸式,农药残留存在于蔬菜内部。前者可以通过冲洗数十秒并伴随搓揉动作,大部分被去掉；后者只能通过削皮减少农药残留，蔬菜内部的残留只能通过加热等方式去除，光靠洗是没什么用的，醋也无能为力。

低毒农药

洗一洗，泡一泡，去农残，放心吃

3. 结论　从原理上说，醋泡的方法正是利用酸碱中和的原理。有些农药偏酸性，有些农药偏碱性。偏碱性农药可以与酸进行一定反应，从而达到清洗农药的作用；但对于偏酸性的农药，效果并不好，所以不可"迷信"醋的清洁作用。

30

三十、市场上的有机花椰菜是有机蔬菜吗？

1. 传言　有机花椰菜是有机蔬菜。

2. 真相　花椰菜，又称菜花、花菜或椰菜花，原产地中海沿岸，是一种十字花科蔬菜，为甘蓝的变种。花椰菜的头部为白色花序，其商品器官是由洁白、短缩、肥嫩的花蕾、花枝、花轴等聚合而成的花球。花椰菜富含 B 族维生素、维生素 C，且粗纤维含量少，品质鲜嫩，营养丰富，风味鲜美，备受消费者喜爱。现在，经常可以看到在超市或者农贸市场里，有些摊位卖一种外表蓬松的有机花椰菜，价格要比普通的高出 1 倍。那么这里说的有机花椰菜是有机蔬菜吗？答案当然是否定的。一般意义上的有机，指的是蔬菜种植环境达到有机标准，在相关标准的环境中生产出来的。有机蔬菜生产对种植环境的要求非常高，灌溉水、土壤和肥料等都要达到有机标准才行，而且目前真正能够达到有机标准的蔬菜种植基地还不多，生产出来的有机蔬菜价格较高且有限。

营养丰富，味道美

　　市场上的有机花椰菜是指育种家选育出来的一种松散类型的花椰菜，也叫散花菜、松花菜、青梗松花菜。和普通花椰菜相比，松花菜蕾枝较长，花层较薄，花球充分膨大时形态不紧实，呈松散状，松花菜也是因此而得名。其实松花菜是个老品种，早期花椰菜被人们作为蔬菜种植时，花蕾都是松散的，但是因为这种松散的花椰菜产量低，不方便储运，经育种家不断科研攻关，培育出花球洁白、紧实耐储运的花椰菜，也称为紧花菜。松花菜因食味鲜美，口感比一般花椰菜更好一些，在市面上更受消费者青睐。另外，松花菜多为早中熟品种，耐热性强、适应性广，且具有包叶，可减少在种植过程中折叶盖花球的人工成本，降低劳动投入。

3. 结论　有机花椰菜不一定是有机蔬菜。

31

三十一、羽衣甘蓝真的功效神奇吗?

1. 传言　近几年，羽衣甘蓝逐步成为时尚圈生食蔬菜的新宠。它具有抗氧化力，营养丰富，被誉为"新牛肉""绿色女王""营养帝国"。

2. 真相　羽衣甘蓝属十字花科两年生草本植物，是食用甘蓝（卷心菜）的变种。羽衣甘蓝的结构和形状与食用甘蓝非常相似，主要区别在于羽衣甘蓝的中心不会卷成团。在人们的印象中，羽衣甘蓝有着绚丽多彩的外衣，在冬季和早春的季节里，种植在花坛和花境里可美化环境，在它的"血液"里流淌着比其他蔬菜更接近于野生甘蓝的基因。它最初来自遥远的地中海地区，早在古罗马时期之前就被广泛栽培，如今风靡英国、荷兰、德国、美国和澳大利亚等地，因品种类型不同，羽衣甘蓝可分为观赏用和菜用两种。观赏用的羽衣甘蓝也可以食用，它颜色丰富、形状多样，但是质地偏硬，一般只能食用嫩叶，而菜用的羽衣甘蓝颜色偏绿，多用来做沙拉和冰沙。

在纪录片《健康饮食的真相》中，科学家将羽衣甘蓝与常见的卷心菜营养成分进行分析对比，发现二者营养成分并没有多大的差异，也没有找到羽衣甘蓝比卷心菜营养更丰富的可信证据。

3. 结论 羽衣甘蓝没有传闻中那么神奇。

32

三十二、宝塔花椰菜是转基因蔬菜吗？

1. 传言　宝塔花椰菜为转基因蔬菜。

2. 真相　宝塔花椰菜（罗马花椰菜），原产于意大利、法国等地，为当前欧洲最流行的花椰菜新品种。该品种花球由花蕾蔟生成多个"小宝塔"并螺旋形成主花塔，蕾粒细小、花球紧密、形状奇特、色泽翠绿、状如佛头，具有观赏性，故又名"翠绿塔"。产生"宝塔"的原因，一是自然进化过程中产生的，二是通过人工杂交育种或选育变异的植株筛选出来的。宝塔花椰菜营养丰富，富含蛋白质、维生素 A和胡萝卜素，其中维生素 C 的含量是芹菜的 15 倍，高于普通蔬菜，具有很高的营养价值。宝塔花椰菜还含有类黄酮物质，有助于清理血管，帮助降低胆固醇，预防心脑血管疾病。

3. 结论　宝塔花椰菜不是转基因蔬菜，可以放心食用。